영재 엄마, 땅 꺼지겠어요. 무슨 일 있어요?

우리 영재 때문에 걱정이 이만저만이 아니에요.

엄마, '각도' 부분에서 각도 어림하는 게 너무 어려워요.

수학이 싫어질 것 같아요.

이러고 있지 뭐예요.

그런 문제라면 걱정하지 않아도 돼요.

기탄교육에서 나온 **'기탄영역별수학 도형·측정편'**을 풀게 해 주세요.

모자라는 부분을 **'집중적'**으로 학습할 수 있어요.

빨리 사야겠네요.

수학과 교육과정에서 초등학교 수학 내용은 '수와 연산', '도형', '측정', '규칙성', '자료와 가능성'의 5개 영역으로 구성되는데, 우리가 이 교재에서 다룰 영역은 '도형·측정'입니다.

'도형' 영역에서는 평면도형과 입체도형의 개념, 구성요소, 성질과 공간감각을 다룹니다. 평면도형이나 입체도형의 개념과 성질에 대한 이해는 실생활 문제를 해결하는 데 기초가 되며, 수학의 다른 영역의 개념과 밀접하게 관련되어 있습니다. 또한 도형을 다루는 경험으로부터 비롯되는 공간감각은 수학적 소양을 기르는 데 도움이 됩니다.

'측정' 영역에서는 시간, 길이, 들이, 무게, 각도, 넓이, 부피 등 다양한 속성의 측정과 어림을 다룹니다. 우리 생활 주변의 측정 과정에서 경험하는 양의 비교, 측정, 어림은 수학 학습을 통해 길러야 할 중요한 기능이고, 이는 실생활이나 타 교과의 학습에서 유용하게 활용되며, 또한 측정을 통해 길러지는 양감은 수학적 소양을 기르는 데 도움이 됩니다.

이 책의 특징

1. 부족한 부분에 대한 집중 연습이 가능

도형·측정 영역은 직관적으로 쉽다고 느끼는 아이들도 있지만, 많은 아이들이 수·연산 영역에 비해 많이 어려워합니다.

길이, 무게, 넓이 등의 여러 속성을 비교하거나 어림해야 할 때는 섬세한 양감능력이 필요하고, 입체도형의 겉넓이나 부피를 구해야 할 때는 도형의 속성, 전개도의 이해는 물론 계산능력까지도 필요합니다. 도형을 돌리거나 뒤집는 대칭이동을 알아볼 때는 실제 해본 경험을 토대로 하여 형성된 추론능력이 필요하기도 합니다.

다른 여러 영역에 비해 도형·측정 영역은 이렇게 종합적이고 논리적인 사고와 직관력을 동시에 필요로 하기 때문에 문제 상황에 익숙해지기까지는 당황스러울 수밖에 없습니다. 하지만 절대 걱정할 필요가 없습니다.

기초부터 차근차근 쌓아 올라가야만 다른 단계로의 확장이 가능한 수·연산 등 다른 영역과 달리, 도형·측정 영역은 각각의 내용들이 독립성 있는 경우가 대부분이어서 부족한 부분만 집중 연습해도 충분히 그 부분의 완성도 있는 학습이 가능하기 때문입니다.

이번에 기탄에서 출시한 기탄영역별수학 도형·측정편으로 부족한 부분을 선택하여 집중적으로 연습해 보세요. 원하는 만큼 실력과 자신감이 쑥쑥 향상됩니다.

2. 학습 부담 없는 알맞은 분량

내게 부족한 부분을 선택해서 집중 연습하려고 할 때, 그 부분의 학습 분량이 너무 많으면 부담 때문에 시작하기조차 힘들 수 있습니다.

무조건 문제 수가 많은 것보다 학습의 흥미도를 떨어뜨리지 않는 범위 내에서 필요한 만큼 충분한 양일 때 학습효과가 가장 좋습니다.

기탄영역별수학 도형·측정편은 다루어야 할 내용을 세분화하여, 한 가지 내용에 대한 학습량도 권당 80쪽, 쪽당 문제 수도 3~8문제 정도로 여유 있게 배치하여 학습 부담을 줄이고 학습효과는 높였습니다.

학습자의 상태를 가장 많이 고민한 책, 기탄영역별수학 도형·측정편으로 미루어 두었던 수학에의 도전을 시작해 보세요.

이 책의 구성

★ 본 학습

제목을 통해 이번 차시에서 학습해야 할 내용이 무엇인지 짚어 보고, 그것을 익히기 위한 최적화된 연습문제를 반복해서 집중적으로 풀어 볼 수 있습니다.

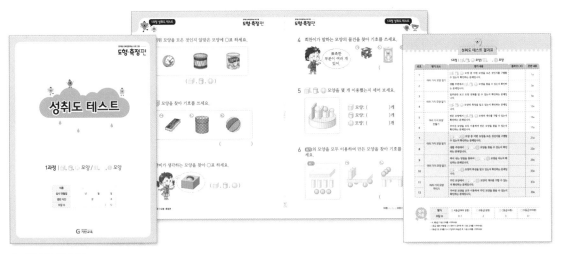

★ 성취도 테스트

성취도 테스트는 본문에서 집중 연습한 내용을 최종적으로 한번 더 확인해 보는 문제들로 구성되어 있습니다. 성취도 테스트를 풀어 본 후, 결과표에 내가 맞은 문제인지 틀린 문제인지 체크를 해가며 각각의 문항을 통해 성취해야 할 학습목표와 학습내용을 짚어 보고, 성취된 부분과 부족한 부분이 무엇인지 확인합니다.

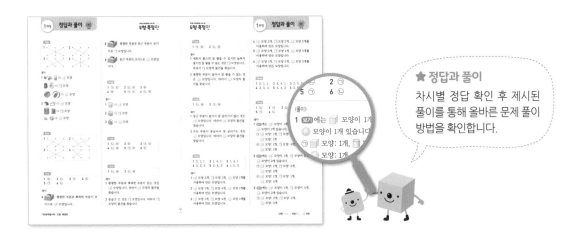

★ 정답과 풀이

차시별 정답 확인 후 제시된 풀이를 통해 올바른 문제 풀이 방법을 확인합니다.

기탄영역별수학
도형·측정편

· 각기둥과 각뿔
· 원기둥, 원뿔, 구

20
과정

기초부터 탄탄하게
기탄교육

차례
contents

각기둥과 각뿔

원기둥, 원뿔, 구

| 이름 : |
| 날짜 : |
| 시간 : : ~ : |

각기둥 알아보기(1)

🐸 각기둥 찾기 ①

★ 입체도형을 보고 물음에 답하세요.

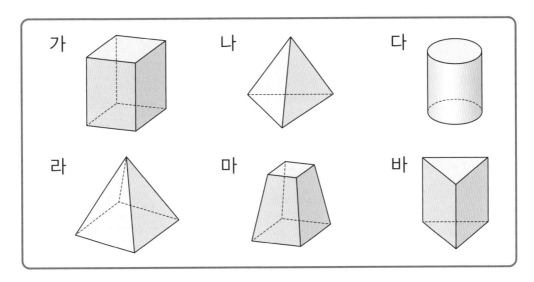

1 위의 입체도형을 기준에 따라 분류해 보세요.

서로 평행한 두 면이 있는 것	
서로 평행한 두 면이 없는 것	

2 서로 평행한 두 면이 있는 입체도형을 기준에 따라 분류해 보세요.

서로 평행한 두 면이 합동인 다각형인 것	
서로 평행한 두 면이 합동인 다각형이 아닌 것	

3 서로 평행하고 합동인 두 다각형이 있는 입체도형을 무엇이라고 하나요?

(   )

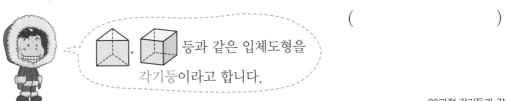

, 등과 같은 입체도형을
각기둥이라고 합니다.

★ 입체도형을 보고 물음에 답하세요.

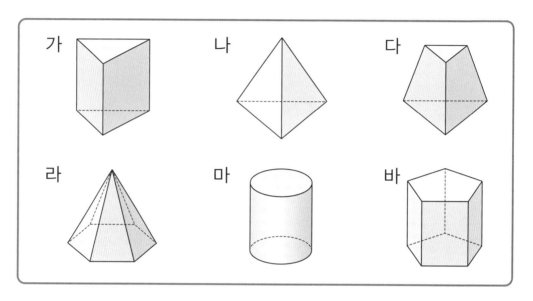

4 위의 입체도형을 기준에 따라 분류해 보세요.

각기둥인 것	
각기둥이 아닌 것	

5 4의 결과에서 각기둥이 아닌 것은 각기둥이 아닌 이유를 써 보세요.

각기둥이 아닌 것	각기둥이 아닌 이유
나	예. 서로 평행한 두 면이 없습니다.

각기둥 알아보기(1)

이름 :

날짜 :

시간 :   :   ~   :

🐸 각기둥 찾기 ②

★ 각기둥을 모두 찾아 ○표 하세요.

1

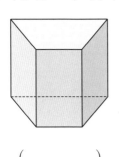　　　　　　　　　　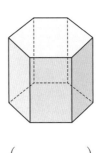

(　　　　)　　　　　　(　　　　)　　　　　　(　　　　)

2

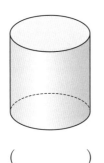　　　　　　　　　　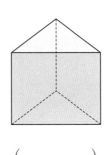

(　　　　)　　　　　　(　　　　)　　　　　　(　　　　)

3

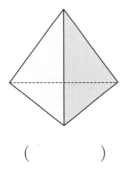　　　　　　　　　　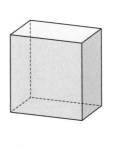

(　　　　)　　　　　　(　　　　)　　　　　　(　　　　)

★ 각기둥을 찾아 기호를 써 보세요.

4

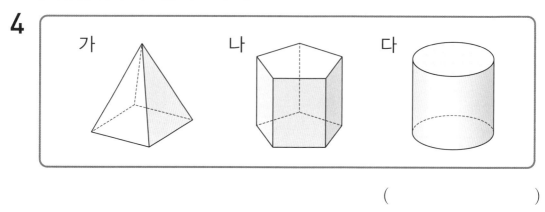

가　나　다

(　　　　)

5

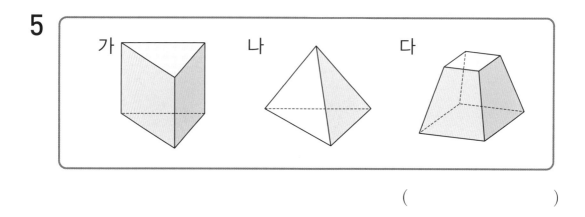

가　나　다

(　　　　)

6

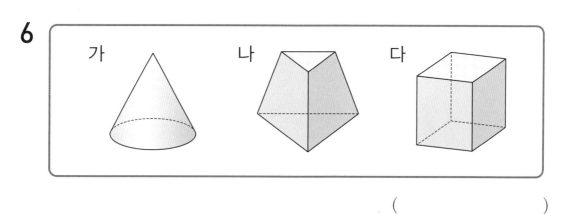

가　나　다

(　　　　)

각기둥 알아보기(1)

이름 :

날짜 :

시간 :   :   ~   :

🐸 각기둥의 구성 요소 ①

★ 각기둥을 보고 ⬭ 안에 알맞은 말을 써넣으세요.

1

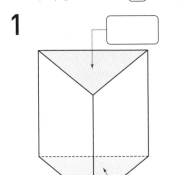

2

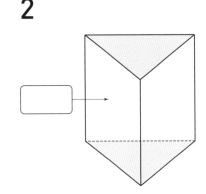

각기둥에서 서로 평행하고 합동인 두 면을 밑면이라고 하고, 두 밑면과 만나는 면을 옆면이라고 합니다.

3

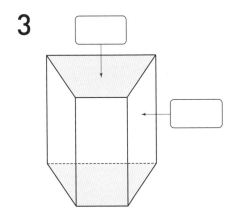

4

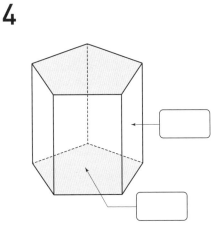

★ 각기둥에서 두 밑면을 찾아 색칠해 보세요.

5

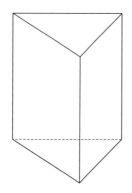

6

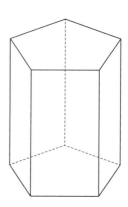

7

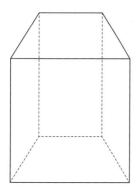

8

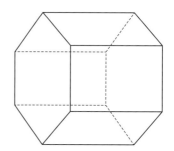

영역별 반복집중학습 프로그램

도형·측정편

4a

각기둥 알아보기(1)

🐸 **각기둥의 구성 요소 ②**

★ 각기둥을 보고 물음에 답하세요.

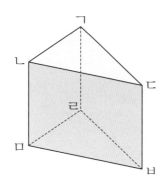

각기둥에서 두 밑면은 나머지 면들과 모두 수직으로 만납니다. 각기둥의 옆면은 모두 직사각형입니다.

1 서로 평행한 두 면은 어느 것인가요?

(   )

2 밑면을 모두 찾아 써 보세요.

(   )

3 밑면에 수직인 면은 모두 몇 개인가요?

(   )개

4 옆면을 모두 찾아 써 보세요.

(   )

영역별 반복집중학습 프로그램

★ 각기둥의 밑면과 옆면에 대하여 말한 것을 보고 옳은 것에는 ○표, 옳지 않은 것에는 ×표 하세요.

5

각기둥은 밑면을 2개 가지고 있어.

(   )

6

각기둥의 옆면은 모두 삼각형이야.

(   )

7

각기둥의 옆면은 4개야.

(   )

8

각기둥의 옆면은 두 밑면에 수직이야.

(   )

9

각기둥의 두 밑면은 서로 평행하고 합동이야.

(   )

10

각기둥의 옆면의 수는 한 밑면의 변의 수와 같아.

(   )

각기둥 알아보기(1)

이름 :

날짜 :

시간 : : ~ :

🐸 각기둥의 겨냥도 완성하기

★ 각기둥의 겨냥도를 완성해 보세요.

1

 ➡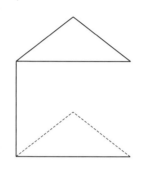

입체도형의 겨냥도를 그릴 때 보이는 모서리는 실선으로 보이지 않는 모서리는 점선으로 나타냅니다.

2

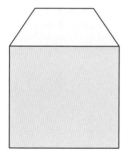 ➡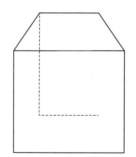

3

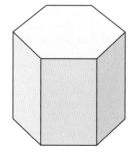 ➡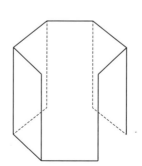

영역별 반복집중학습 프로그램

★ 각기둥의 겨냥도를 완성해 보세요.

4

 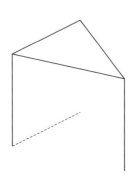

5

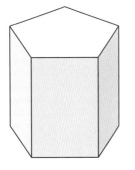 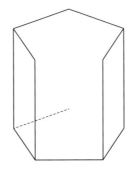

6

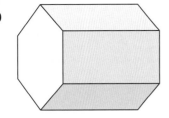 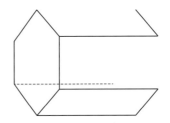

도형·측정편

6a

각기둥 알아보기(2)

| 이름 : |
| 날짜 : |
| 시간 : : ~ : |

🐸 각기둥의 이름 알기

1 각기둥을 보고 표를 완성해 보세요.

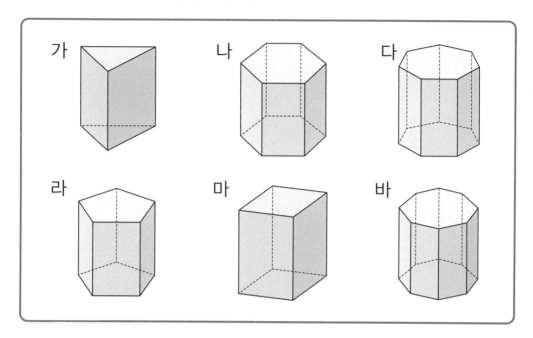

	밑면의 모양	각기둥의 이름
가	삼각형	삼각기둥
나		
다		
라		
마		
바		

각기둥은 밑면의 모양에 따라
삼각기둥, 사각기둥, 오각기둥……
이라고 합니다.

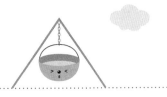

★ 각기둥의 이름을 써 보세요.

2

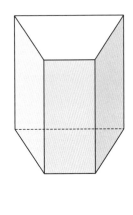

(   )

3

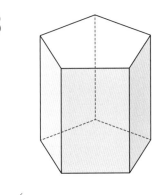

(   )

4

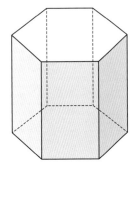

(   )

5

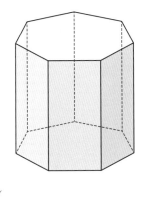

(   )

각기둥 알아보기(2)

이름 :

날짜 :

시간 :   :   ~   :

🐸 각기둥의 구성 요소

★ 각기둥을 보고 ▢ 안에 알맞은 말을 써넣으세요.

1

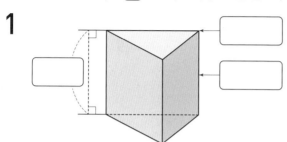

2

각기둥에서 면과 면이 만나는 선분을 모서리, 모서리와 모서리가 만나는 점을 꼭짓점, 두 밑면 사이의 거리를 높이라고 합니다.

3

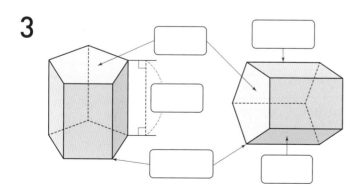

★ 각기둥을 보고 물음에 답하세요.

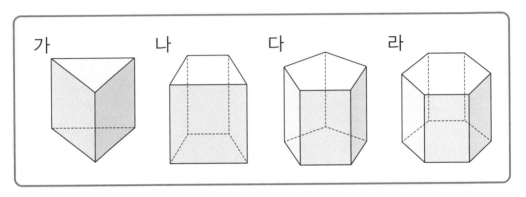

가　　　　나　　　　다　　　　라

4 표를 완성해 보세요.

	각기둥의 이름	한 밑면의 변의 수(개)	꼭짓점의 수(개)	면의 수(개)	모서리의 수(개)
가					
나					
다					
라					

5 규칙을 찾아 ☐ 안에 알맞은 수를 써넣으세요.

- (꼭짓점의 수)=(한 밑면의 변의 수)×☐

- (면의 수)=(한 밑면의 변의 수)+☐

- (모서리의 수)=(한 밑면의 변의 수)×☐

각기둥 알아보기(2)

이름 :

날짜 :

시간 :   :   ~   :

🐸 각기둥의 구성 요소의 이해

★ 각기둥의 겨냥도를 보고 꼭짓점에는 ○표, 모서리는 색연필로 표시하고 그 개수를 각각 구해 보세요.

1

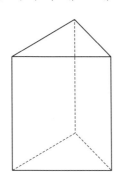

꼭짓점 (   )개

모서리 (   )개

2

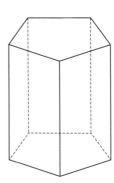

꼭짓점 (   )개

모서리 (   )개

3

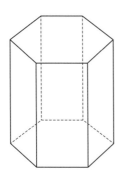

꼭짓점 (   )개

모서리 (   )개

4

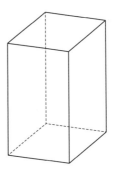

꼭짓점 (   )개

모서리 (   )개

★ 각기둥의 구성 요소에 대하여 말한 것을 보고 옳은 것에는 ○표, 옳지 않은 것에는 ×표 하세요.

5 밑면의 모양이 오각형인 각기둥의 이름은 오각기둥입니다.   (   )

6 각기둥에서 두 밑면 사이의 거리를 높이라고 합니다.   (   )

7 사각기둥의 모서리의 수는 8개입니다.   (   )

8 삼각기둥의 꼭짓점의 수는 육각기둥의 꼭짓점의 수의 2배입니다.

   (   )

9 면의 수가 7개인 각기둥은 칠각기둥입니다.   (   )

10 각기둥에서 밑면과 수직인 모서리는 길이가 모두 같습니다.   (   )

각기둥의 전개도

🐸 어떤 도형의 전개도인지 알아보기

★ 어떤 도형의 전개도인지 써 보세요.

1

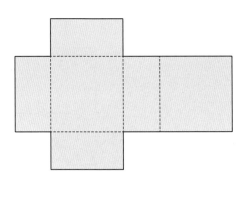

(   )

2

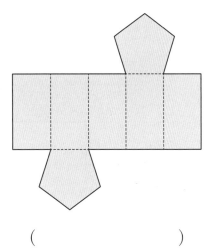

(   )

3

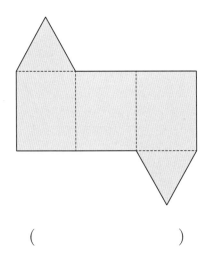

(   )

4

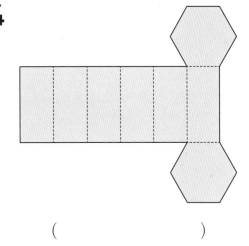

(   )

각기둥의 모서리를 잘라서
평면 위에 펼쳐 놓은 그림을
각기둥의 전개도라고 합니다.

★ 어떤 도형의 전개도인지 써 보세요.

5

(   )

6

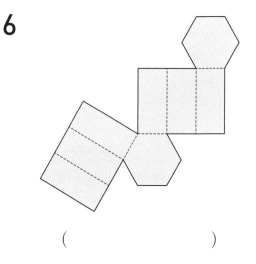

(   )

7

(   )

8

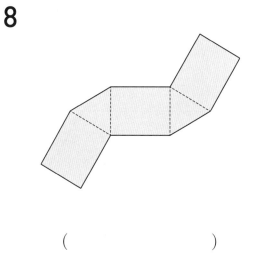

(   )

도형·측정편

10a

각기둥의 전개도

이름 :

날짜 :

시간 :   :   ~   :

🐸 주어진 도형의 전개도 찾기

1 주어진 도형의 전개도인 것을 모두 찾아 ○표 하세요.

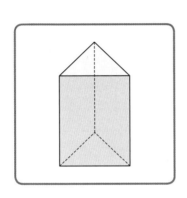

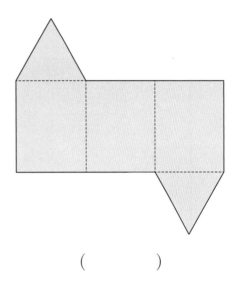

(   )

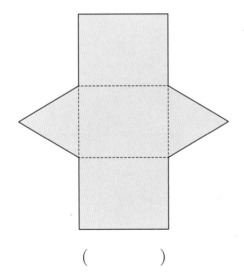

(   )

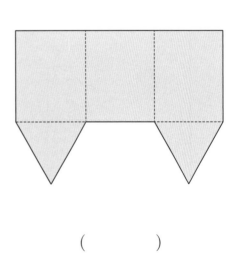

(   )

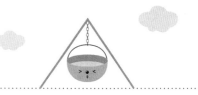

2 사각기둥의 전개도가 아닌 것을 모두 찾아 기호를 써 보세요.

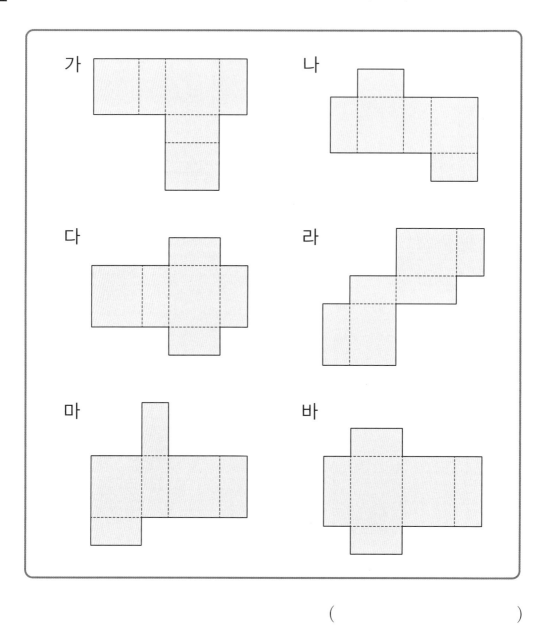

(   )

각기둥의 전개도

이름 :

날짜 :

시간 :   :   ~   :

🐸 전개도를 접었을 때 만나는 면, 모서리 찾기

★ 전개도를 보고 물음에 답하세요.

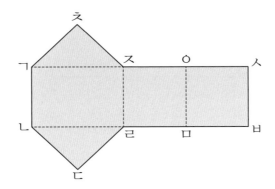

1 전개도를 접으면 어떤 도형이 되나요?

(   )

2 전개도를 접었을 때 선분 ㄷㄹ과 맞닿는 선분을 찾아 써 보세요.

(   )

3 전개도를 접었을 때 면 ㄱㅈㅊ과 만나는 면을 모두 찾아 써 보세요.

(   )

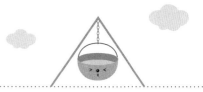

★ 전개도를 보고 물음에 답하세요.

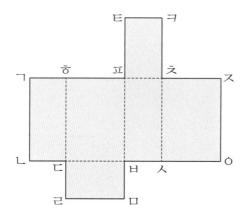

4 전개도를 접으면 어떤 도형이 되나요?

(   )

5 전개도를 접었을 때 선분 ㄹㅁ과 맞닿는 선분을 찾아 써 보세요.

(   )

6 전개도를 접었을 때 면 ㄱㄴㄷㅎ과 만나는 면을 모두 찾아 써 보세요.

(   )

기탄영역별수학 | 도형·측정편

각기둥의 전개도

이름 :

날짜 :

시간 :   :   ~   :

🐸 전개도와 겨냥도의 관계 이해

★ 전개도를 접어서 각기둥을 만들었습니다. ☐ 안에 알맞은 수를 써넣으세요.

1

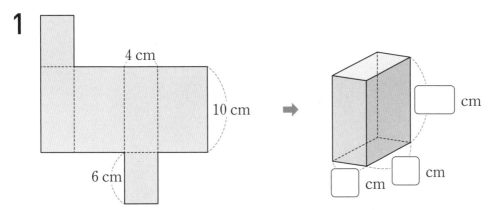

2

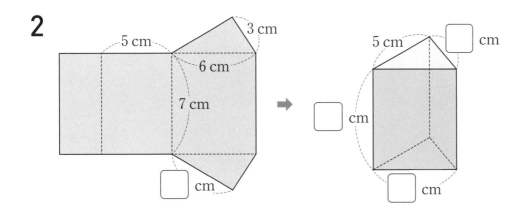

★ 각기둥의 모서리를 잘라서 평면 위에 펼쳐 놓은 전개도입니다. ☐ 안에 알맞은 수를 써넣으세요.

3

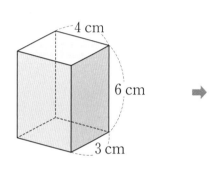

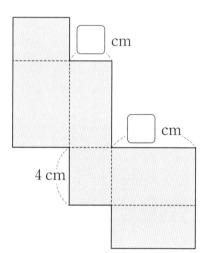

☐ cm

☐ cm

4 cm

4

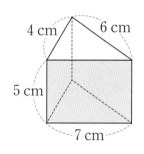

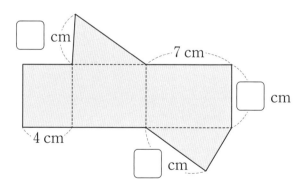

☐ cm

7 cm

☐ cm

4 cm

☐ cm

각기둥의 전개도

이름 :

날짜 :

시간 : : ~ :

🐸 각기둥의 전개도 그리기 ①

1 삼각기둥의 전개도를 완성해 보세요.

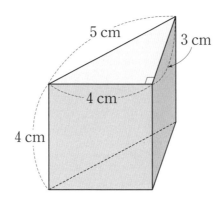

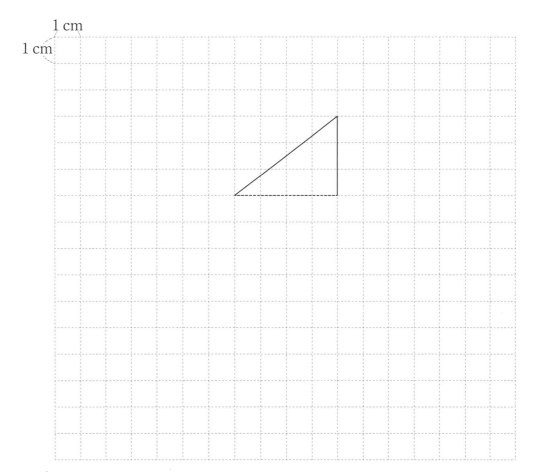

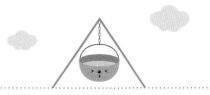

2 사각기둥의 전개도를 완성해 보세요.

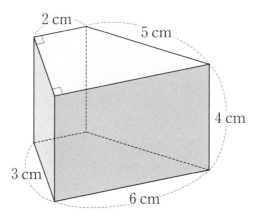

2 cm
5 cm
4 cm
3 cm
6 cm

1 cm
1 cm

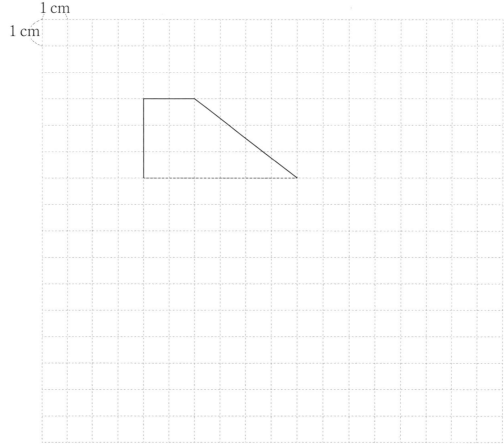

도형·측정편

14a

각기둥의 전개도

🐸 각기둥의 전개도 그리기 ②

1 사각기둥의 전개도를 완성하고, 완성한 전개도와 다른 모양의 전개도를 1개 더 그려 보세요.

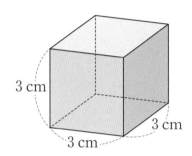

3 cm

3 cm

3 cm

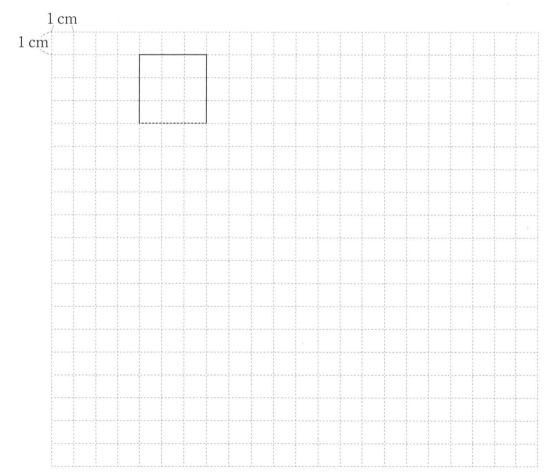

1 cm

1 cm

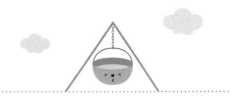

2 사각기둥의 전개도를 완성하고, 완성한 전개도와 다른 모양의 전개도를 1개 더 그려 보세요.

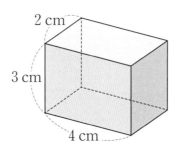

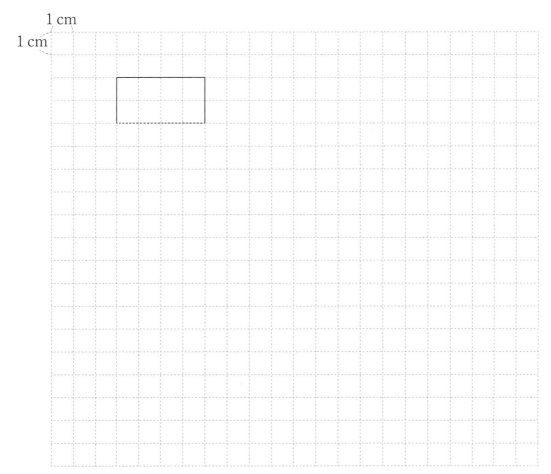

각뿔 알아보기(1)

🐸 각뿔 찾기 ①

★ 입체도형을 보고 물음에 답하세요.

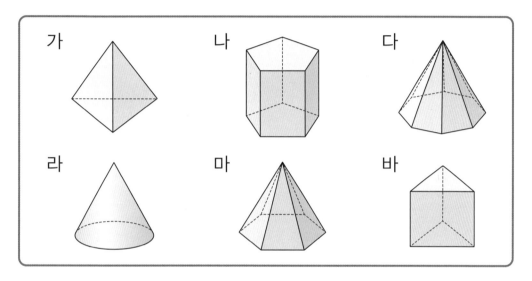

1 위의 입체도형을 기준에 따라 분류해 보세요.

뿔 모양인 것	
뿔 모양이 아닌 것	

2 뿔 모양인 입체도형을 기준에 따라 분류해 보세요.

밑에 놓인 면이 다각형인 것	
밑에 놓인 면이 다각형이 아닌 것	

3 밑에 놓인 면이 다각형인 뿔 모양의 입체도형을 무엇이라고 하나요?

(   )

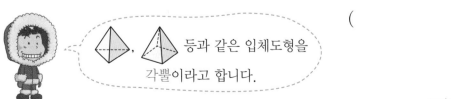

, 등과 같은 입체도형을 각뿔이라고 합니다.

★ 입체도형을 보고 물음에 답하세요.

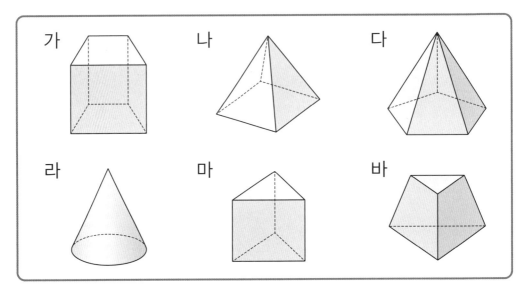

4 위의 입체도형을 기준에 따라 분류해 보세요.

각뿔인 것	
각뿔이 아닌 것	

5 4의 결과에서 각뿔이 아닌 것은 각뿔이 아닌 이유를 써 보세요.

각뿔이 아닌 것	각뿔이 아닌 이유
가	예 뿔 모양의 입체도형이 아닙니다.

도형·측정편

16a

각뿔 알아보기(1)

이름 :

날짜 :

시간 :   :   ~   :

🐸 각뿔 찾기 ②

★ 각뿔을 찾아 ○표 하세요.

1

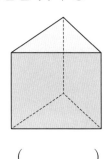   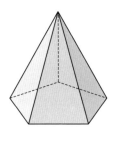   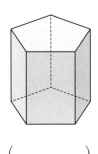

(   )   (   )   (   )

2

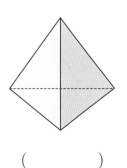   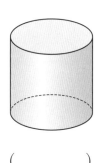

(   )   (   )   (   )

3

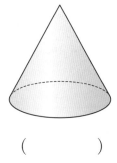   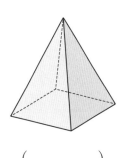

(   )   (   )   (   )

★ 각뿔을 찾아 기호를 써 보세요.

4

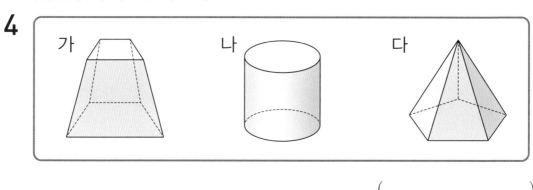

가　　　　나　　　　다

(　　　　　　)

5

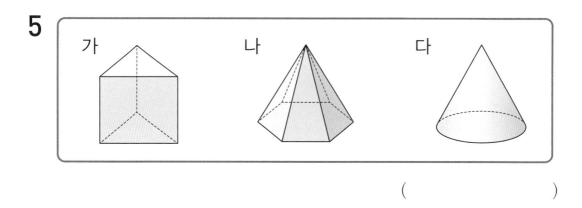

가　　　　나　　　　다

(　　　　　　)

6

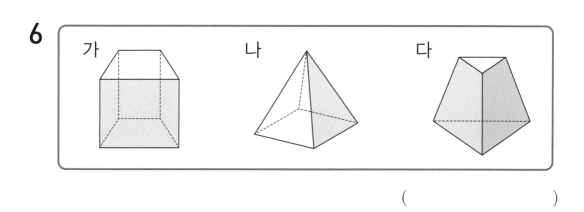

가　　　　나　　　　다

(　　　　　　)

각뿔 알아보기(1)

🐸 각뿔의 구성 요소

★ 각뿔을 보고 ▢ 안에 알맞은 말을 써넣으세요.

1

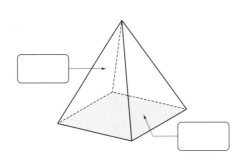

2

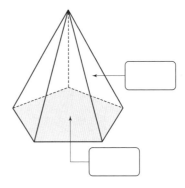

각뿔에서
바닥에 놓인 면을 밑면,
밑면과 만나는 면을
옆면이라고 합니다.

★ 각뿔에서 밑면을 찾아 색칠해 보세요.

3

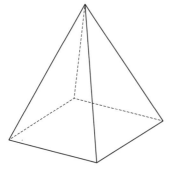

4

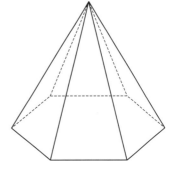

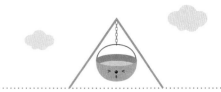

★ 각뿔을 보고 밑면과 옆면을 모두 찾아 써 보세요.

5

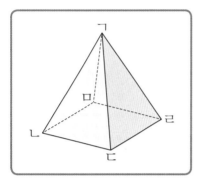

밑면	
옆면	

각뿔의 옆면은 모두 삼각형입니다.

6

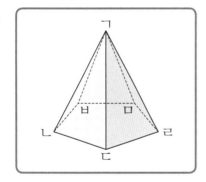

밑면	
옆면	

7

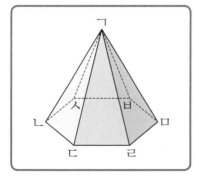

밑면	
옆면	

각뿔 알아보기(2)

🐸 각뿔의 이름 알기

1 각뿔을 보고 표를 완성해 보세요.

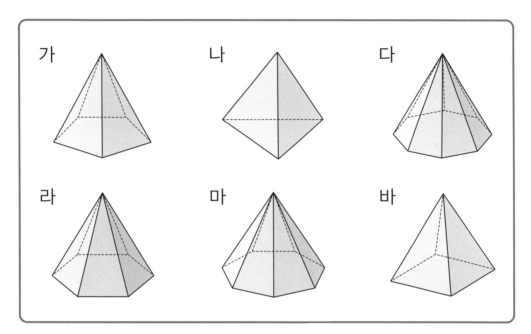

	밑면의 모양	각뿔의 이름
가	오각형	오각뿔
나		
다		
라		
마		
바		

각뿔은 밑면의 모양에 따라
삼각뿔, 사각뿔, 오각뿔……이라고
합니다.

★ 각뿔의 이름을 써 보세요.

2

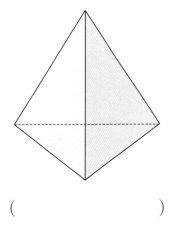

(   )

3

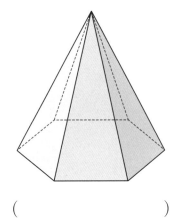

(   )

4

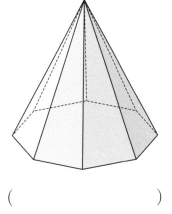

(   )

5

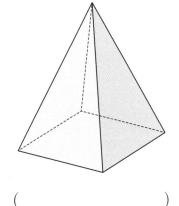

(   )

각뿔 알아보기(2)

이름 :

날짜 :

시간 :   :   ~   :

🐸 각뿔의 구성 요소

1 ☐ 안에 알맞은 말을 써넣으세요.

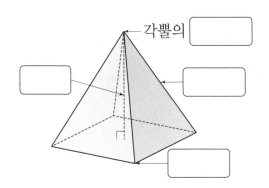

각뿔의 ☐

각뿔에서 면과 면이 만나는 선분을 모서리, 모서리와 모서리가 만나는 점을 꼭짓점, 옆면이 모두 만나는 점을 각뿔의 꼭짓점, 각뿔의 꼭짓점에서 밑면에 수직인 선분의 길이를 높이라고 합니다.

★ 각뿔의 무엇을 재는 그림인지 써 보세요.

2

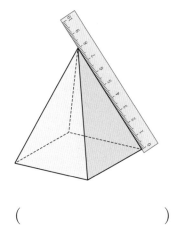

(   )

3

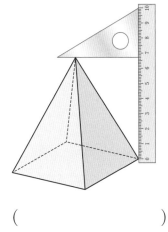

(   )

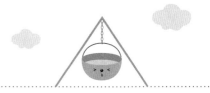

★ 각뿔을 보고 물음에 답하세요.

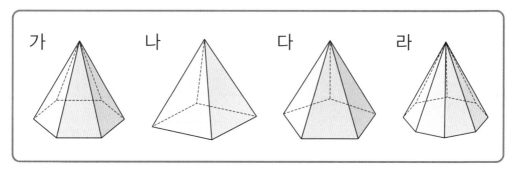

4 표를 완성해 보세요.

	각뿔의 이름	밑면의 변의 수(개)	꼭짓점의 수(개)	면의 수(개)	모서리의 수(개)
가					
나					
다					
라					

5 규칙을 찾아 ☐ 안에 알맞은 수를 써넣으세요.

- (꼭짓점의 수)=(밑면의 변의 수)+☐
- (면의 수)=(밑면의 변의 수)+☐
- (모서리의 수)=(밑면의 변의 수)×☐

각뿔 알아보기(2)

🐸 각뿔의 구성 요소의 이해

★ 각뿔의 겨냥도를 보고 꼭짓점에는 ○표, 모서리는 색연필로 표시하고 그 개수를 각각 구해 보세요.

1

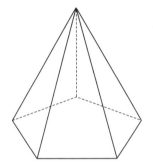

꼭짓점 (   )개
모서리 (   )개

2

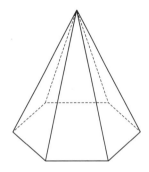

꼭짓점 (   )개
모서리 (   )개

3

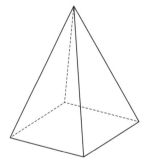

꼭짓점 (   )개
모서리 (   )개

4

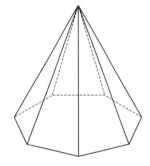

꼭짓점 (   )개
모서리 (   )개

★ 각뿔의 구성 요소에 대하여 말한 것을 보고 옳은 것에는 ○표, 옳지 않은 것
에는 ×표 하세요.

5

사각뿔의
꼭짓점은
8개입니다.

(   )

6

각뿔의 밑면은
1개입니다.

(   )

7

밑면의
모양이 육각형인
각뿔의 이름은
육각뿔입니다.

(   )

8

칠각뿔의
모서리의 수는
14개입니다.

(   )

9

밑변의
변의 수
+1

각뿔의
꼭짓점의 수는
(밑면의 변의 수)
+1입니다.

(   )

10

각뿔의
옆면은 모두
사각형입니다.

(   )

원기둥 알아보기

이름 :

날짜 :

시간 :   :   ~   :

🐸 원기둥 찾기 ①

★ 물건을 보고 물음에 답하세요.

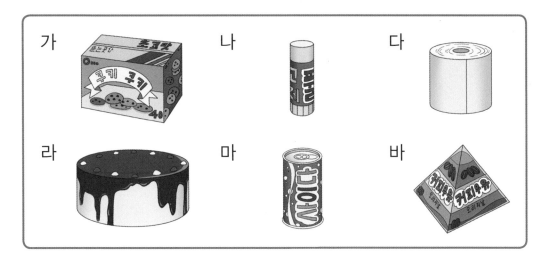

1 위 물건의 모양을 기준에 따라 분류해 보세요.

서로 평행한 두 면이 있는 것	
서로 평행한 두 면이 없는 것	

2 서로 평행한 두 면이 있는 물건을 기준에 따라 분류해 보세요.

서로 평행한 두 면이 합동인 다각형인 것	
서로 평행한 두 면이 합동인 원인 것	

3 서로 평행하고 합동인 두 원으로 이루어진 입체도형을 무엇이라고 하나요?

(   )

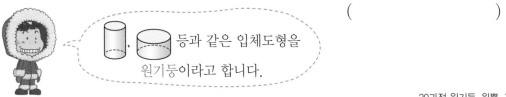

등과 같은 입체도형을

원기둥이라고 합니다.

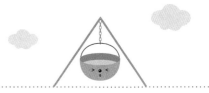

★ 입체도형을 보고 물음에 답하세요.

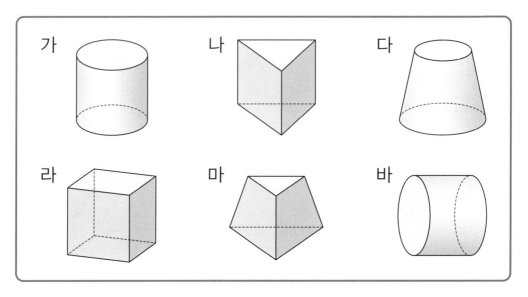

4 위의 입체도형을 기준에 따라 분류해 보세요.

원기둥인 것	
원기둥이 아닌 것	

5 4의 결과에서 원기둥이 아닌 것은 원기둥이 아닌 이유를 써 보세요.

원기둥이 아닌 것	원기둥이 아닌 이유
나	예 서로 평행하고 합동인 두 면이 원이 아닙니다.

원기둥 알아보기

이름 :

날짜 :

시간 :   :   ~   :

🐸 원기둥 찾기 ②

★ 원기둥을 찾아 ◯표 하세요.

1

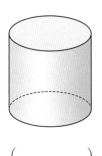

(   )   (   )   (   )

2

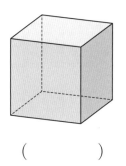

(   )   (   )   (   )

3

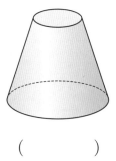

(   )   (   )   (   )

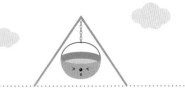

영역별 반복집중학습 프로그램

★ 원기둥을 찾아 기호를 써 보세요.

4

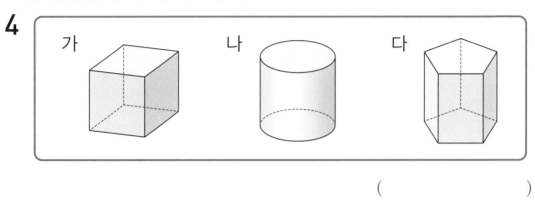

가　　　나　　　다

(　　　　　　)

5

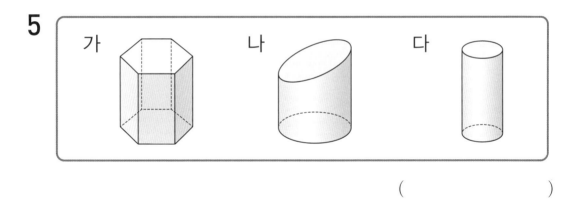

가　　　나　　　다

(　　　　　　)

6

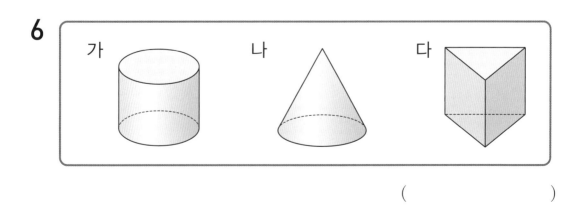

가　　　나　　　다

(　　　　　　)

영역별 반복집중학습 프로그램

도형·측정편

23a

원기둥 알아보기

이름 :

날짜 :

시간 :   :   ~   :

🐸 원기둥의 구성 요소

★ 원기둥을 보고 ☐ 안에 알맞은 말을 써넣으세요.

1

2

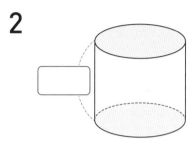

3

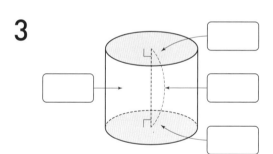

원기둥에서 서로 평행하고
합동인 두 면을 밑면이라 하고,
두 밑면과 만나는 면을 옆면,
두 밑면에 수직인 선분의 길이를
높이라고 합니다.

4

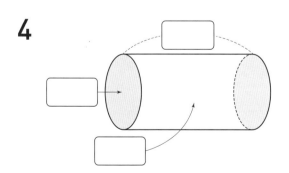

★ 원기둥에서 두 밑면을 찾아 색칠해 보세요.

5

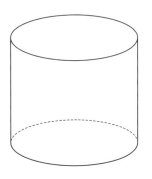

6

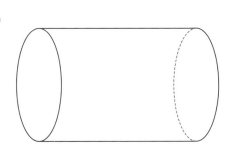

7

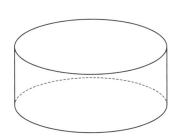

8

원기둥 알아보기

이름 :
날짜 :
시간 :   :   ~   :

🐸 원기둥의 밑면의 지름, 높이 알기

★ 원기둥의 밑면의 지름과 높이를 각각 구해 보세요.

1

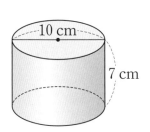

10 cm

7 cm

밑면의 지름 (   ) cm

높이 (   ) cm

2

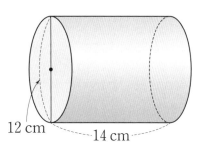

12 cm   14 cm

밑면의 지름 (   ) cm

높이 (   ) cm

3

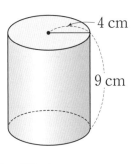

4 cm

9 cm

밑면의 지름 (   ) cm

높이 (   ) cm

4

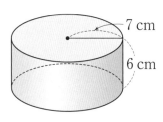

7 cm

6 cm

밑면의 지름 (   ) cm

높이 (   ) cm

★ 한 변을 기준으로 직사각형 모양의 종이를 돌려 만든 입체도형의 밑면의 지름과 높이를 구해 보세요.

5

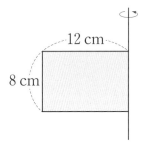

밑면의 지름 (   ) cm

높이 (   ) cm

6

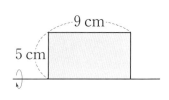

밑면의 지름 (   ) cm

높이 (   ) cm

7

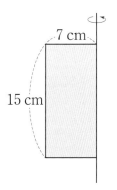

밑면의 지름 (   ) cm

높이 (   ) cm

8

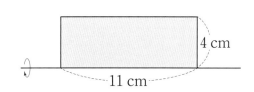

밑면의 지름 (   ) cm

높이 (   ) cm

원기둥 알아보기

🐸 원기둥과 각기둥의 비교

★ 원기둥과 각기둥을 보고 물음에 답하세요.

 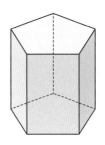

1 원기둥과 각기둥의 공통점으로 알맞은 것을 모두 찾아 기호를 써 보세요.

> ㉠ 밑면이 2개입니다.
> ㉡ 두 밑면이 서로 평행하고 합동인 다각형입니다.
> ㉢ 옆에서 본 모양이 직사각형입니다.
> ㉣ 꼭짓점과 모서리를 가지고 있습니다.

(   )

2 원기둥과 각기둥의 차이점으로 알맞은 것을 모두 찾아 기호를 써 보세요.

> ㉠ 원기둥의 밑면은 원이고, 각기둥의 밑면은 다각형입니다.
> ㉡ 원기둥의 옆면은 원이고, 각기둥의 옆면은 직사각형입니다.
> ㉢ 원기둥은 굽은 면이 있고, 각기둥은 평평한 면으로만 이루어져 있습니다.
> ㉣ 원기둥은 꼭짓점이 없고, 각기둥은 꼭짓점이 있습니다.

(   )

3 원기둥과 삼각기둥을 보고 빈칸에 알맞게 써넣으세요.

 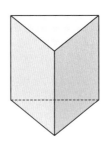

	원기둥	삼각기둥
밑면의 수(개)		
밑면의 모양		
옆에서 본 모양		
꼭짓점의 수(개)		
모서리의 수(개)		

4 위 **3**번의 표를 보고 원기둥과 삼각기둥의 공통점과 차이점을 써 보세요.

공통점	차이점

영역별 반복집중학습 프로그램

도형·측정편

26a

원기둥의 전개도

이름 :

날짜 :

시간 :   :   ~   :

🐸 원기둥의 전개도 찾기

★ 원기둥의 전개도를 찾아 ○표 하세요.

1

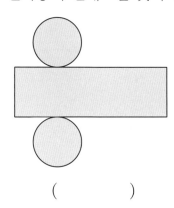

(   )

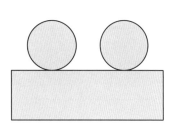

(   )

2

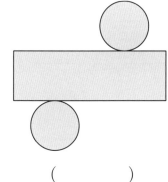

(   )

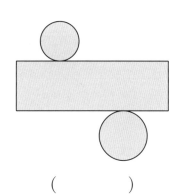

(   )

3

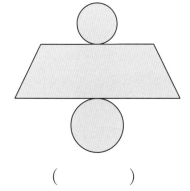

(   )

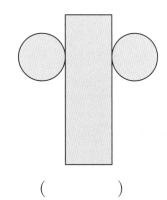

(   )

4 원기둥의 전개도가 아닌 것을 모두 찾아 기호를 쓰고, 원기둥의 전개도가
아니라고 생각한 이유를 쓰세요.

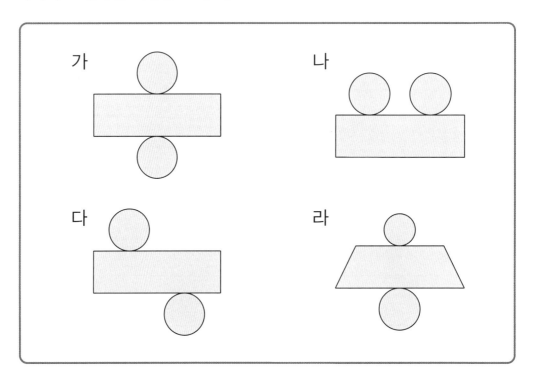

원기둥의 전개도가 아닌 것	이유

원기둥의 전개도

이름 :
날짜 :
시간 :   :   ~   :

🐸 원기둥의 전개도의 이해 ①

★ 그림을 보고 물음에 답하세요.

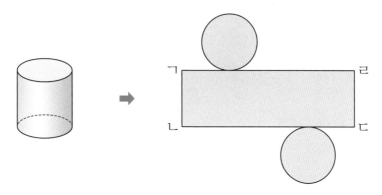

1 전개도에서 밑면과 옆면은 각각 어떤 도형이고 몇 개인가요?

밑면 (   ), (   )개

옆면 (   ), (   )개

2 원기둥의 밑면의 둘레는 전개도에서 어떤 선분과 같은가요?

(   )

3 선분 ㄱㄴ의 길이는 원기둥의 무엇과 같은가요?

(   )

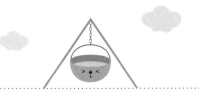

★ 원기둥과 원기둥의 전개도를 보고 ⬜ 안에 알맞은 수를 써넣으세요.

4

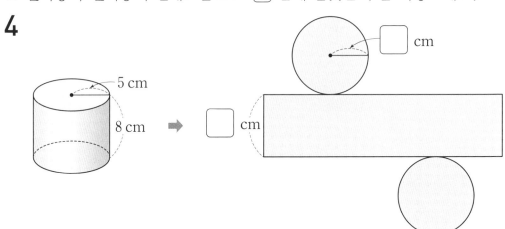

5

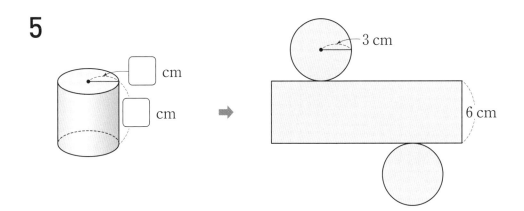

원기둥의 전개도

이름 :

날짜 :

시간 :   :   ~   :

🐸 원기둥의 전개도의 이해 ②

★ 원기둥의 전개도에서 각 부분의 길이를 알아보세요.(원주율 3.14)

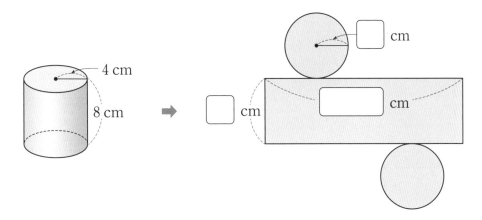

1 밑면의 반지름은 몇 cm인가요?

(   ) cm

2 옆면의 세로는 몇 cm인가요?

(   ) cm

3 옆면의 가로는 몇 cm인가요?

(   ) cm

영역별 반복집중학습 프로그램

★ 원기둥의 전개도를 보고 원기둥의 밑면의 반지름은 몇 cm인지 구해 보세요.

(원주율: 3)

4

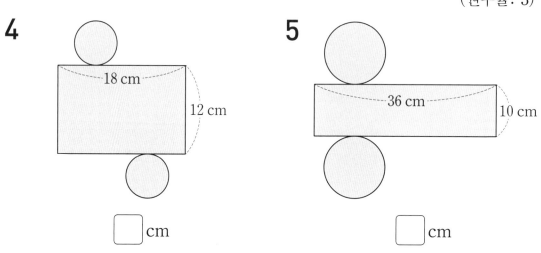

18 cm

12 cm

◻ cm

5

36 cm

10 cm

◻ cm

6

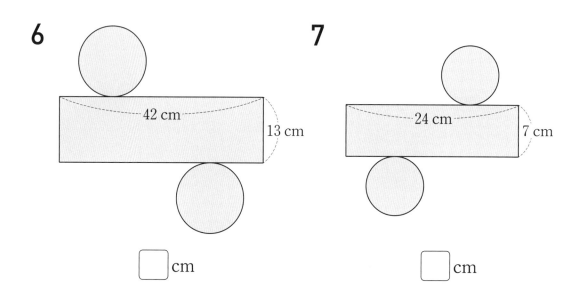

42 cm

13 cm

◻ cm

7

24 cm

7 cm

◻ cm

기탄영역별수학 | 도형·측정편

원기둥의 전개도

이름 :

날짜 :

시간 :   :   ~   :

🐸 원기둥의 전개도 그리기

1 원기둥의 전개도를 그리고 밑면의 반지름과 옆면의 가로, 세로를 나타내어 보세요. (원주율: 3)

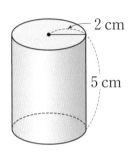

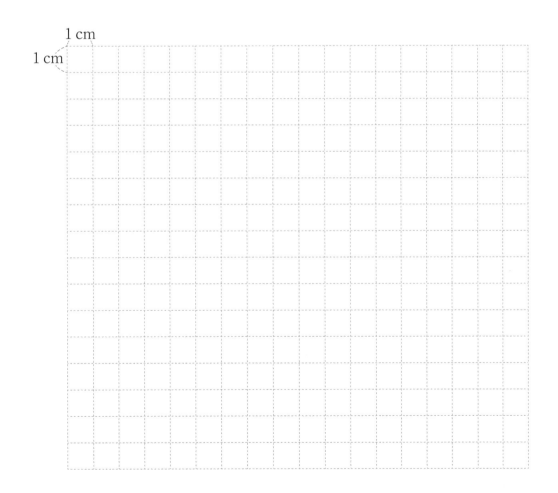

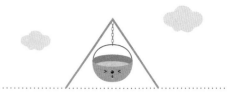

2 원기둥의 전개도를 그리고 밑면의 반지름과 옆면의 가로, 세로의 길이를 나타내어 보세요. (원주율: 3)

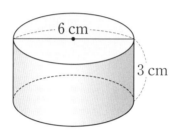

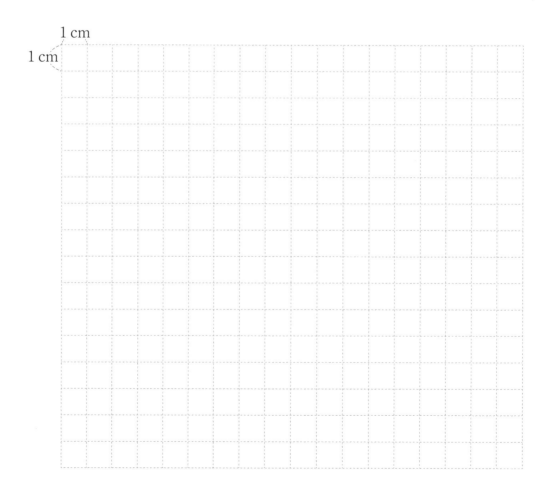

원뿔 알아보기

이름 :

날짜 :

시간 :   :   ~   :

🐸 원뿔 찾기 ①

★ 물건을 보고 물음에 답하세요.

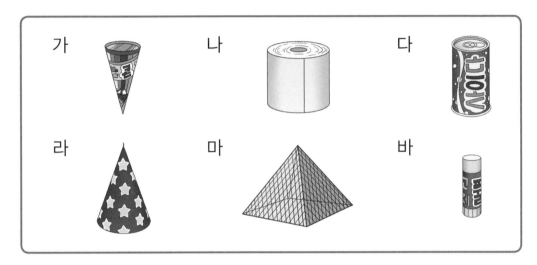

가   나   다

라   마   바

1 위 물건의 모양을 기준에 따라 분류해 보세요.

뿔 모양인 것	
뿔 모양이 아닌 것	

2 뿔 모양인 것을 기준에 따라 분류해 보세요.

평평한 면이 원인 것	
평평한 면이 다각형인 것	

3 평평한 면이 원이고 옆을 둘러싼 면이 굽은 면인 뿔 모양의 입체도형을 무엇이라고 하나요?

(   )

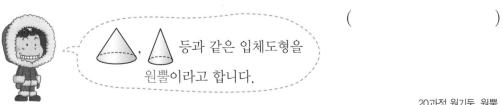

, 등과 같은 입체도형을 원뿔이라고 합니다.

★ 입체도형을 보고 물음에 답하세요.

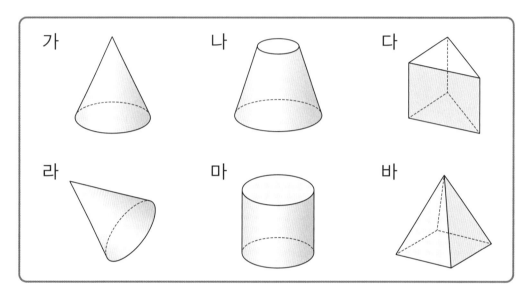

4 위의 입체도형을 기준에 따라 분류해 보세요.

원뿔인 것	
원뿔이 아닌 것	

5 **4**의 결과에서 원뿔이 아닌 것은 원뿔이 아닌 이유를 써 보세요.

원뿔이 아닌 것	원뿔이 아닌 이유
나	예 평평한 면이 2개이고 뿔 모양이 아닙니다.

원뿔 알아보기

이름 :

날짜 :

시간 :　　　:　　　~　　　:

🐸 원뿔 찾기 ②

★ 원뿔을 찾아 ◯표 하세요.

1

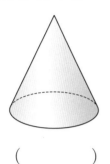

(　　　　)

(　　　　)

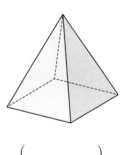

(　　　　)

2

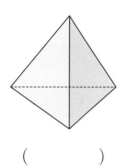

(　　　　)

(　　　　)

(　　　　)

3

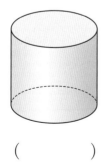

(　　　　)

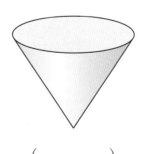

(　　　　)

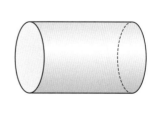

(　　　　)

31b

영역별 반복집중학습 프로그램

★ 원뿔을 찾아 기호를 써 보세요.

4

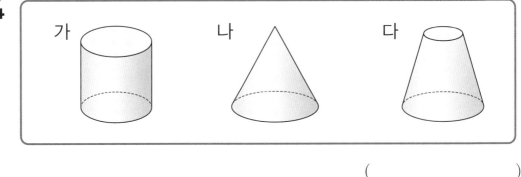

가   나   다

(   )

5

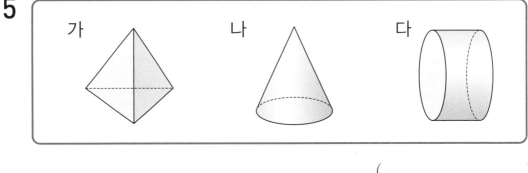

가   나   다

(   )

6

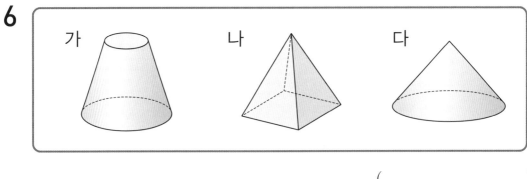

가   나   다

(   )

원뿔 알아보기

이름 :

날짜 :

시간 :   :   ~   :

🐸 원뿔의 구성 요소

★ 원뿔을 보고 ☐ 안에 알맞은 말을 써넣으세요.

1

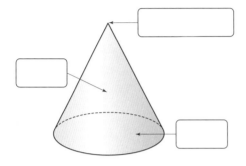

2

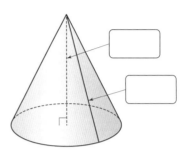

원뿔에서 평평한 면을 밑면, 옆을 둘러싼 굽은 면을 옆면, 뾰족한 부분의 점을 원뿔의 꼭짓점이라고 합니다.

원뿔에서 원뿔의 꼭짓점과 밑면인 원의 둘레의 한 점을 이은 선분을 모선, 원뿔의 꼭짓점에서 밑면에 수직인 선분의 길이를 높이라고 합니다.

★ 원뿔에서 밑면을 찾아 색칠해 보세요.

3

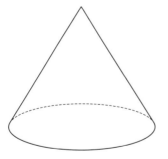

4

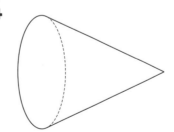

★ 원뿔을 보고 물음에 답하세요.

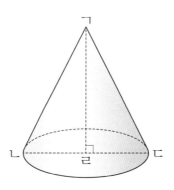

5 원뿔의 꼭짓점은 어느 것인가요?

( )

6 밑면의 반지름을 나타내는 것을 찾아 써 보세요.

( )

7 원뿔의 높이를 나타내는 것을 찾아 써 보세요.

( )

8 원뿔의 모선을 나타내는 것을 찾아 써 보세요.

( )

원뿔 알아보기

이름 :

날짜 :

시간 :   :   ~   :

🐸 원뿔의 밑면의 지름, 모선의 길이, 높이 알기

★ 원뿔의 밑면의 지름, 모선의 길이, 높이를 각각 구해 보세요.

1

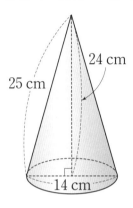

밑면의 지름 (   ) cm

모선의 길이 (   ) cm

높이 (   ) cm

2

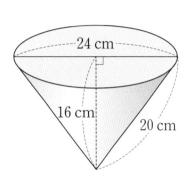

밑면의 지름 (   ) cm

모선의 길이 (   ) cm

높이 (   ) cm

3

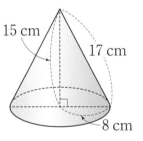

밑면의 지름 (   ) cm

모선의 길이 (   ) cm

높이 (   ) cm

4

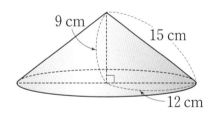

밑면의 지름 (   ) cm

모선의 길이 (   ) cm

높이 (   ) cm

★ 한 변을 기준으로 직각삼각형 모양의 종이를 돌려 만든 입체도형의 밑면의
  지름, 모선의 길이, 높이를 각각 구해 보세요.

5

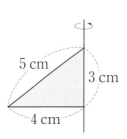

밑면의 지름 (   ) cm

모선의 길이 (   ) cm

　　　높이 (   ) cm

6

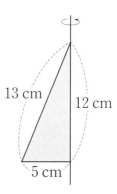

밑면의 지름 (   ) cm

모선의 길이 (   ) cm

　　　높이 (   ) cm

7

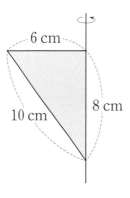

밑면의 지름 (   ) cm

모선의 길이 (   ) cm

　　　높이 (   ) cm

8

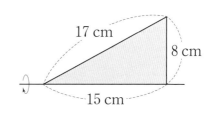

밑면의 지름 (   ) cm

모선의 길이 (   ) cm

　　　높이 (   ) cm

원뿔 알아보기

이름 :

날짜 :

시간 :   :   ~   :

🐸 원뿔의 높이, 모선의 길이 재기

★ 모양과 크기가 같은 원뿔을 보고 친구들이 말한 내용 중 옳은 것에 ○표, 옳지 않은 것에 ×표 하세요.

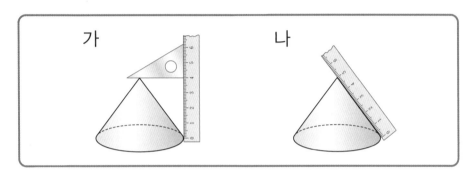

가   나

1   가는 원뿔의 높이를 재는 방법이야.

(   )

2   나는 원뿔의 밑면의 지름을 재는 방법이야.

(   )

3   이 원뿔의 모선의 길이는 5 cm야.

(   )

4   이 원뿔의 높이는 4 cm야.

(   )

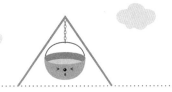

영역별 반복집중학습 프로그램

★ 원뿔의 높이 또는 모선의 길이를 구해 보세요.

5

☐ cm

6

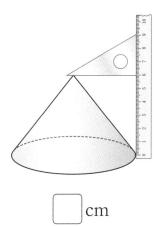

☐ cm

7

☐ cm

8

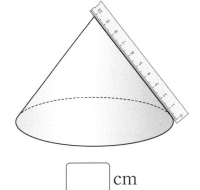

☐ cm

구 알아보기

🐸 구 찾기 ①

★ 물건을 보고 물음에 답하세요.

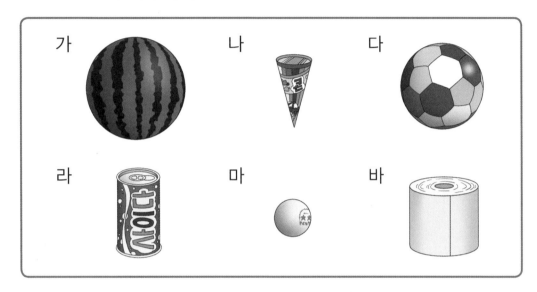

1 위 물건의 모양을 기준에 따라 분류해 보세요.

원기둥 모양인 것	
원뿔 모양인 것	
공 모양인 것	

2 공 모양의 도형을 무엇이라고 하나요?

(   )

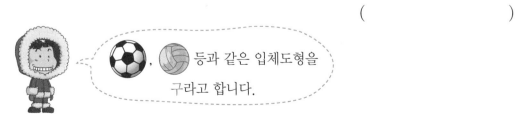

등과 같은 입체도형을 구라고 합니다.

★ 입체도형을 보고 물음에 답하세요.

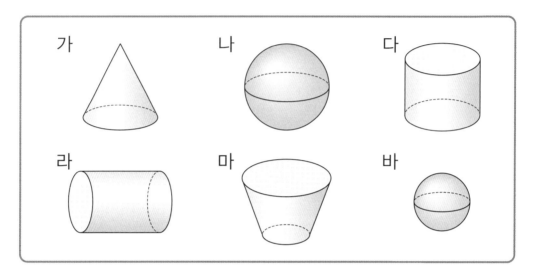

가

나

다

라

마

바

3 위의 입체도형을 기준에 따라 분류해 보세요.

원기둥인 것	
원뿔인 것	
구인 것	

4 위의 입체도형 중 위 **3**의 결과 어느 것에도 해당되지 않는 도형을 찾아 이유를 써 보세요.

어느 것에도 해당되지 않는 것	
이 도형이 원기둥이 아닌 이유	
이 도형이 원뿔이 아닌 이유	
이 도형이 구가 아닌 이유	

영역별 반복집중학습 프로그램

도형·측정편

36a

구 알아보기

이름 :

날짜 :

시간 :   :   ~   :

🐸 구 찾기 ②

★ 구를 찾아 ○표 하세요.

1

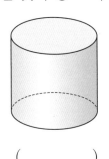

(   )   (   )   (   )

2

(   )   (   )   (   )

3

(   )   (   )   (   )

20과정 원기둥, 원뿔, 구

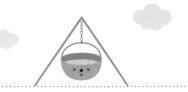

★ 구를 찾아 기호를 써 보세요.

4

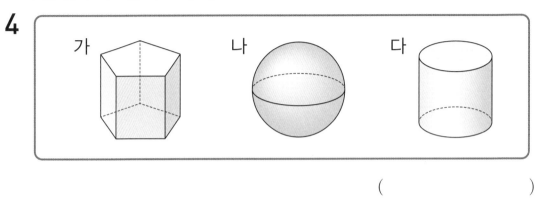

( )

5

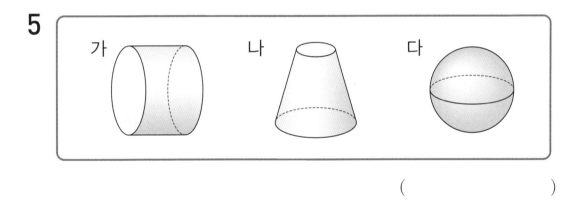

( )

6

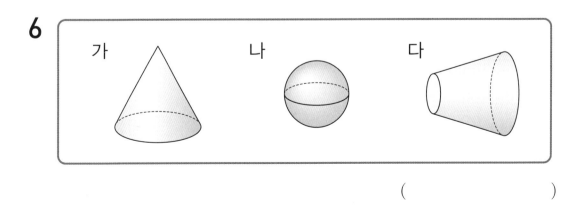

( )

기탄영역별수학 | 도형·측정편

구 알아보기

이름 :

날짜 :

시간 :   :   ~   :

😃 구의 구성 요소

★ ☐ 안에 알맞은 말을 써넣으세요.

1

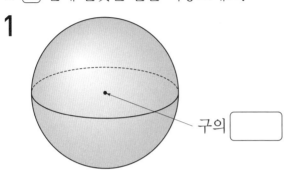

구의 ☐

구에서 가장 안쪽에
있는 점을 구의 중심,
구의 중심에서 구의 겉면의
한 점을 이은 선분을
구의 반지름이라고
합니다.

2

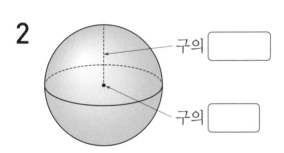

구의 ☐

구의 ☐

★ 구에서 반지름을 색연필로 표시해 보세요.

3

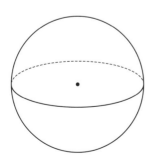

4

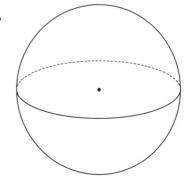

★ 구의 반지름을 구해 보세요.

5

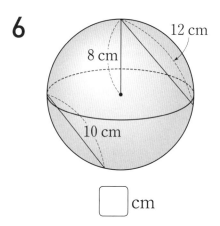

7 cm

5 cm

4 cm

□ cm

6

12 cm

8 cm

10 cm

□ cm

★ 지름을 기준으로 반원 모양의 종이를 돌려 만든 입체도형의 반지름을 구해 보세요.

7

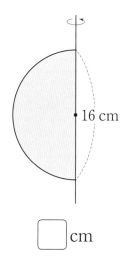

16 cm

□ cm

8

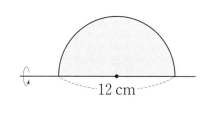

12 cm

□ cm

도형·측정편

38a

원기둥, 원뿔, 구의 비교

이름 :
날짜 :
시간 :   :   ~   :

🐸 위, 앞, 옆에서 본 모양

★ 각각의 입체도형을 앞에서 본 모양을 찾아 ○표 하세요.

1

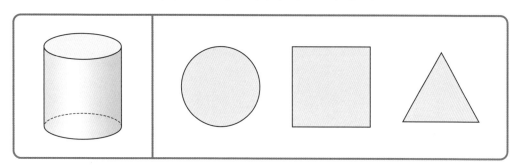

2

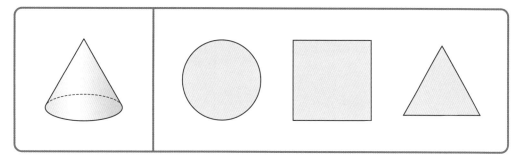

3

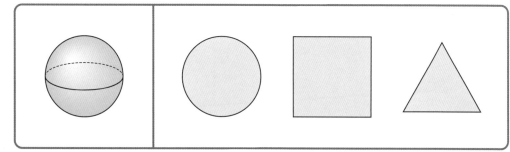

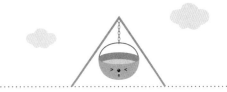
4 다음 입체도형을 위, 앞, 옆에서 본 모양을 각각 그려 보세요.

입체도형	위에서 본 모양	앞에서 본 모양	옆에서 본 모양
위 ↓ 옆 ← 앞 ↗ (원기둥)	○	□	□
위 ↓ 옆 ← 앞 ↗ (원뿔)			
위 ↓ 옆 ← 앞 ↗ (구)			

원기둥, 원뿔, 구의 비교

이름 :

날짜 :

시간 :   :   ~   :

🐸 원기둥, 원뿔, 구의 특징 이해 ①

★ 다음 모양을 살펴보고 공통점과 차이점을 알아보세요.

	입체도형	공통점	차이점
1		예 2개의 밑면이 서로 평행하고 합동인 도형입니다.	예 원기둥의 밑면은 원이고, 삼각기둥의 밑면은 삼각형입니다.
2			
3			
4			

5 다음 도형을 보고 공통점과 차이점을 비교한 것 중 틀리게 말한 사람을 찾아 이름을 써 보세요.

  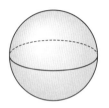

미래	원기둥, 원뿔, 구는 위에서 본 모양이 모두 원이야.
유정	원기둥, 원뿔은 평평한 밑면이 있고, 구는 전체가 굽은 면이야.
지아	원기둥과 구는 꼭짓점이 없고, 원뿔은 꼭짓점이 있어.
강호	원기둥, 원뿔, 구는 앞과 옆에서 본 모양이 원이 아니야.

(   )

원기둥, 원뿔, 구의 비교

🐸 원기둥, 원뿔, 구의 특징 이해 ②

★ 다음 입체도형에 대한 설명이 옳은 것에 ◯표, 옳지 않은 것에 ×표 하세요.

1 구는 위, 앞, 옆에서 본 모양이 모두 같습니다.　　　　　(　　　　)

2 원뿔의 높이는 모선의 길이보다 항상 깁니다.　　　　　(　　　　)

3 원뿔은 앞에서 본 모양과 옆에서 본 모양이 다릅니다.　　　　　(　　　　)

4 원기둥의 평평한 두 면은 합동이고 평행한 원입니다.　　　　　(　　　　)

5 구의 중심에서 구의 겉면의 한 점을 이은 선분의 길이는 모두 같습니다.

(　　　　)

★ 다음 입체도형에 대한 설명이 옳은 것에 ○표, 옳지 않은 것에 ×표 하세요.

6 원기둥과 원뿔의 밑면의 모양은 원입니다. ( )

7 원기둥의 옆면은 평평한 면이고 원뿔의 옆면은 굽은 면입니다. ( )

8 원뿔은 뾰족한 부분이 있습니다. ( )

9 구는 전체가 굽은 면이어서 어느 방향으로도 잘 굴러갑니다. ( )

이제 각기둥과 각뿔/원기둥, 원뿔, 구에 대한 문제는
자신 있지요? 아쉬운 부분은 한 번 더 복습하세요.
수고 많으셨습니다.

기탄영역별수학
도형·측정편

성취도 테스트

20과정 | 각기둥과 각뿔 / 원기둥, 원뿔, 구

이름		
실시 연월일	년 월	일
걸린 시간	분	초
오답 수		/ 12

1 각기둥의 밑면을 모두 찾아 써 보세요.

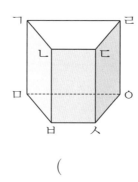

(   )

2 옳은 것에 ○표, 옳지 않은 것에 ×표 하세요.

(1) 삼각기둥의 모서리의 수는 6개입니다.   (   )

(2) 면의 수가 8개인 각기둥은 육각기둥입니다.   (   )

3 어떤 도형의 전개도인지 써 보세요.

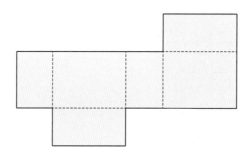

(   )

4 다음 전개도를 접었을 때 선분 ㄱㄴ과 맞닿는 선분을 찾아 써 보세요.

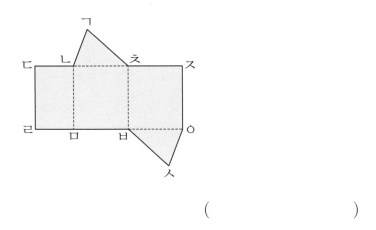

(   )

5 다음 도형이 각뿔이 아닌 이유를 써 보세요.

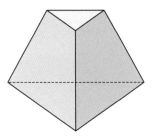

이유 _____

6 ☐ 안에 알맞게 써넣으세요.

(1) 각뿔의 면의 수는 (밑면의 변의 수)+☐입니다.

(2) 밑면의 모양이 오각형인 각뿔의 이름은 ☐입니다.

7 원기둥을 찾아 기호를 써 보세요.

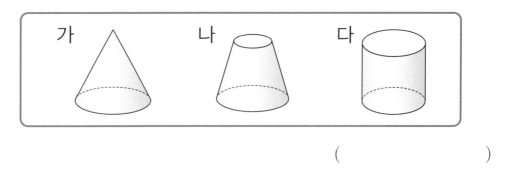

(   )

8 한 변을 기준으로 직사각형 모양의 종이를 돌려 만든 입체도형의 밑면의 지름과 높이를 구해 보세요.

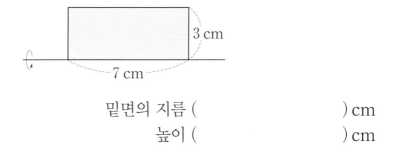

밑면의 지름 (   ) cm

높이 (   ) cm

9 다음 그림이 원기둥의 전개도가 아닌 이유를 써 보세요.

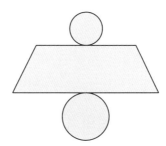

이유 _____

10 원기둥의 전개도를 보고 원기둥의 밑면의 반지름은 몇 cm인지 알아보세요. (원주율: 3)

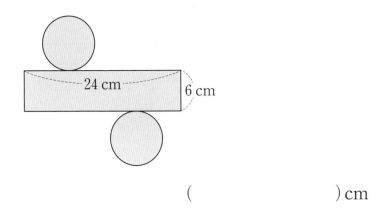

(   ) cm

11 다음 원뿔의 높이는 몇 cm인가요?

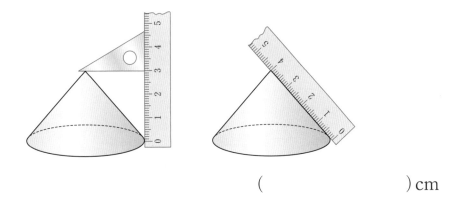

(   ) cm

12 설명이 옳지 않은 것을 찾아 기호를 써 보세요.

> ㉠ 구는 어느 방향에서 보아도 모두 같은 모양입니다.
> ㉡ 원기둥과 원뿔은 밑면이 있고, 구는 밑면이 없습니다.
> ㉢ 원뿔에서 모선은 무수히 많습니다.
> ㉣ 원기둥의 전개도에서 옆면의 가로는 밑면인 원의 지름과 같습니다.

(   )

20과정 | 각기둥과 각뿔 / 원기둥, 원뿔, 구

번호	평가 요소	평가 내용	결과(O, X)	관련 내용
1	각기둥 알아보기(1)	각기둥의 구성 요소(밑면, 옆면)를 찾을 수 있는지 확인해 보는 문제입니다.		4a
2	각기둥 알아보기(2)	각기둥의 구성 요소(꼭짓점, 면, 모서리) 사이의 관계를 잘 이해하고 있는지 확인해 보는 문제입니다.		7b
3	각기둥의 전개도	전개도를 보고 어떤 도형의 전개도인지 알아보는 문제입니다.		9a
4		전개도를 접었을 때, 서로 맞닿는 모서리가 되는 선분을 찾아보는 문제입니다.		11a
5	각뿔 알아보기(1)	도형을 보고 각뿔이 아닌 이유를 잘 설명할 수 있는지 확인해 보는 문제입니다.		15b
6	각뿔 알아보기(2)	각뿔의 구성 요소(꼭짓점, 면, 모서리) 사이의 관계를 잘 이해하고 있는지 확인해 보는 문제입니다.		19b
7	원기둥 알아보기	원기둥을 찾을 수 있는지 확인해 보는 문제입니다.		22a
8		주어진 도형을 회전시켰을 때 만들어지는 입체도형의 밑면의 지름과 높이를 구해 보는 문제입니다.		24b
9	원기둥의 전개도	주어진 그림이 원기둥의 전개도가 아닌 이유를 잘 설명할 수 있는지 확인해 보는 문제입니다.		26b
10		원기둥의 전개도를 보고 원기둥의 밑면의 반지름을 구할 수 있는지 확인해 보는 문제입니다.		28b
11	원뿔 알아보기	원뿔의 각 부분의 길이를 재는 그림을 보고 높이를 구할 수 있는지 확인해 보는 문제입니다.		34a
12	원기둥, 원뿔, 구의 비교	원기둥, 원뿔, 구에 대한 설명으로 옳지 않은 것을 찾을 수 있는지 확인해 보는 문제입니다.		39b

평가
기준

평가	□ A등급(매우 잘함)	□ B등급(잘함)	□ C등급(보통)	□ D등급(부족함)
오답 수	0~1	2	3	4~

• A, B등급: 학습한 교재에 대한 성취도가 높습니다.

• C등급: 틀린 부분을 다시 한번 더 공부하세요.

• D등급: 본 교재를 다시 구입하여 복습하세요.

1ab

1 가, 다, 마, 바 / 나, 라
2 가, 바 / 다, 마
3 각기둥
4 가, 바 / 나, 다, 라, 마
5

나	㉈ 서로 평행한 두 면이 없습니다.
다	㉈ 서로 평행한 두 면이 다각형이기는 하지만 합동이 아닙니다.
라	㉈ 서로 평행한 두 면이 없습니다.
마	㉈ 서로 평행한 두 면이 합동이기는 하지만 다각형이 아닙니다.

2ab

1 (○)(   )(○)
2 (   )(○)(○)
3 (   )(   )(○)
4 나   **5** 가   **6** 다

3ab

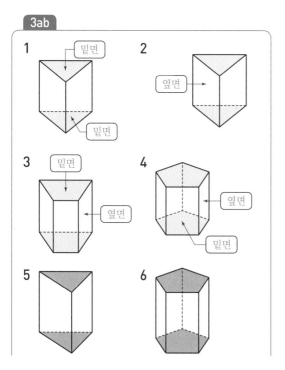

4ab

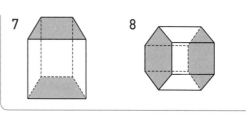

1 면 ㄱㄴㄷ, 면 ㄹㅁㅂ
2 면 ㄱㄴㄷ, 면 ㄹㅁㅂ
3 3
4 면 ㄴㅁㅂㄷ, 면 ㄷㅂㄹㄱ, 면 ㄱㄹㅁㄴ
5 ○   **6** ×   **7** ×
8 ○   **9** ○   **10** ○

〈풀이〉

6 각기둥의 옆면은 모두 직사각형입니다.

7 각기둥의 옆면의 수는 한 밑면의 변의 수와 같습니다.

5ab

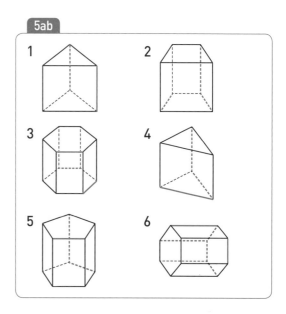

6ab

1 삼각형, 삼각기둥 / 육각형, 육각기둥 /
칠각형, 칠각기둥 / 오각형, 오각기둥 /
사각형, 사각기둥 / 팔각형, 팔각기둥
2 사각기둥   3 오각기둥
4 육각기둥   5 칠각기둥

7ab

1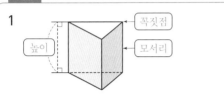

2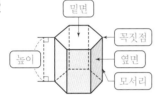

3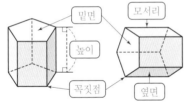

4 삼각기둥, 3, 6, 5, 9
/ 사각기둥, 4, 8, 6, 12
/ 오각기둥, 5, 10, 7, 15
/ 육각기둥, 6, 12, 8, 18
5 2, 2, 3

8ab

1   2
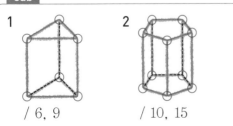
/ 6, 9   / 10, 15

3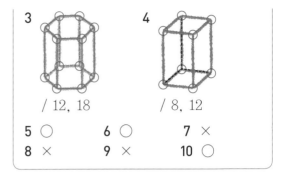
/ 12, 18   / 8, 12

5 ○   6 ○   7 ×
8 ×   9 ×   10 ○

〈풀이〉
7 사각기둥의 모서리의 수는 12개입니다.

8 삼각기둥의 꼭짓점의 수는 6개이고, 육각
기둥의 꼭짓점의 수는 12개이므로, 삼각기
둥의 꼭짓점의 수는 육각기둥의 꼭짓점의
수의 $\frac{1}{2}$입니다.

9 면의 수가 7개인 각기둥은 오각기둥입니다.

9ab

1 사각기둥   2 오각기둥
3 삼각기둥   4 육각기둥
5 사각기둥   6 육각기둥
7 오각기둥   8 삼각기둥

10ab

1 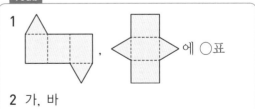 , 에 ○표

2 가, 바

11ab

1 삼각기둥   2 선분 ㅁㄹ
3 면 ㄱㄴㄹㅈ, 면 ㅈㄹㅁㅇ, 면 ㅇㅁㅂㅅ
4 사각기둥   5 선분 ㅇㅅ
6 면 ㅎㄷㅂㅍ, 면 ㄷㄹㅁㅂ, 면 ㅌㅍㅊㅋ,
면 ㅊㅅㅇㅈ

12ab

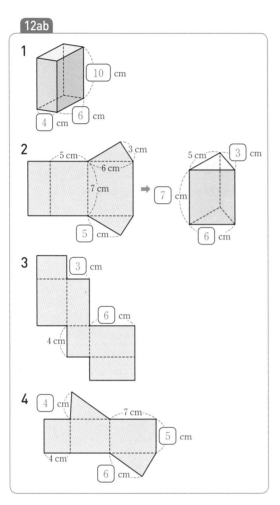

1

2

3

4

13ab

1~2 풀이 참조

〈풀이〉

1 예

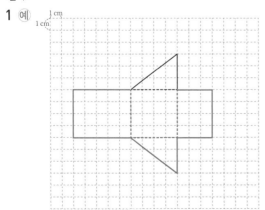

2 예

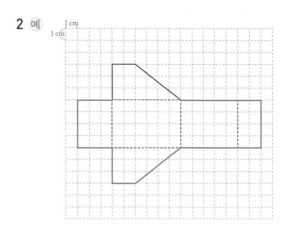

14ab

1~2 풀이 참조

〈풀이〉

1 예

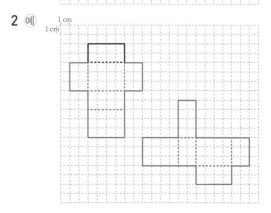

2 예

15ab

1 가, 다, 라, 마 / 나, 바
2 가, 다, 마 / 라 **3** 각뿔
4 나, 다 / 가, 라, 마, 바
5

가	예 뿔 모양의 입체도형이 아닙니다.
라	예 밑에 놓인 면이 다각형이 아닙니다.
마	예 뿔 모양의 입체도형이 아닙니다.
바	예 뿔 모양의 입체도형이 아닙니다.

16ab

1 ( )(○)( )
2 (○)( )( )
3 ( )( )(○)
4 다   **5** 나   **6** 나

17ab

1
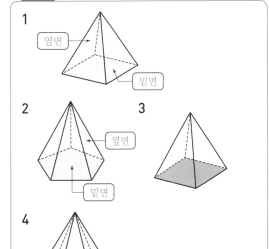
옆면
밑면

2
옆면
밑면

3

4

5 면 ㄴㄷㄹㅁ / 면 ㄱㄴㄷ, 면 ㄱㄷㄹ,
면 ㄱㄹㅁ, 면 ㄱㅁㄴ

6 면 ㄴㄷㄹㅁㅂ / 면 ㄱㄴㄷ, 면 ㄱㄷㄹ,
면 ㄱㄹㅁ, 면 ㄱㅁㅂ, 면 ㄱㅂㄴ
7 면 ㄴㄷㄹㅁㅂㅅ / 면 ㄱㄴㄷ, 면 ㄱㄷㄹ,
면 ㄱㄹㅁ, 면 ㄱㅁㅂ, 면 ㄱㅂㅅ,
면 ㄱㅅㄴ

18ab

1 오각형, 오각뿔 / 삼각형, 삼각뿔 /
팔각형, 팔각뿔 / 육각형, 육각뿔 /
칠각형, 칠각뿔 / 사각형, 사각뿔
2 삼각뿔   **3** 육각뿔
4 팔각뿔   **5** 사각뿔

19ab

1
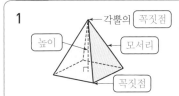
각뿔의 꼭짓점
높이
모서리
꼭짓점

2 모서리의 길이 **3** 높이
4 육각뿔, 6, 7, 7, 12
/ 사각뿔, 4, 5, 5, 8
/ 오각뿔, 5, 6, 6, 10
/ 팔각뿔, 8, 9, 9, 16
5 1, 1, 2

20ab

1
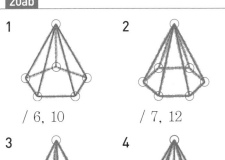
/ 6, 10

2
/ 7, 12

3
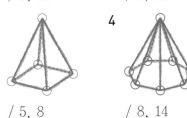
/ 5, 8

4
/ 8, 14

| 5 × | 6 ○ | 7 ○ |
| 8 ○ | 9 ○ | 10 × |

〈풀이〉

5 사각뿔의 꼭짓점은 5개입니다.

10 각뿔의 옆면은 모두 삼각형입니다.

21ab

1 가, 나, 다, 라, 마 / 바

2 가 / 나, 다, 라, 마

3 원기둥

4 가, 바 / 나, 다, 라, 마

5

나	예 서로 평행하고 합동인 두 면이 원이 아닙니다.
다	예 서로 평행한 두 원이 합동이 아닙니다.
라	예 서로 평행하고 합동인 두 면이 원이 아닙니다.
마	예 서로 평행한 두 면이 합동인 원이 아닙니다.

22ab

1 (○)( )( )

2 ( )(○)( )

3 ( )( )(○)

4 나   **5** 다   **6** 가

23ab

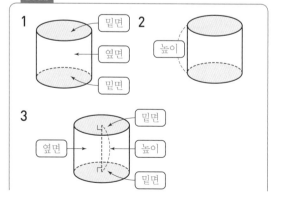

4

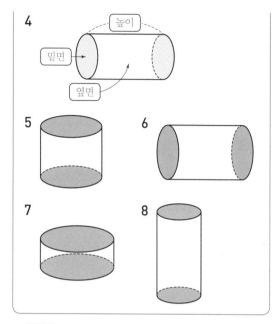

24ab

1 10, 7	**2** 12, 14	**3** 8, 9
4 14, 6	**5** 24, 8	**6** 10, 9
7 14, 15	**8** 8, 11	

25ab

1 ㉠, ㉢   **2** ㉠, ㉢, ㉣

3 2, 2 / 원, 삼각형 /직사각형, 직사각형 / 없습니다, 6 / 없습니다, 9

4 예 같은 점: 평행한 2개의 밑면이 있고, 옆에서 본 모양이 직사각형입니다.
다른 점: 밑면의 모양, 꼭짓점과 모서리가 있고 없음 등

26ab

1 (○)( )   **2** (○)( )

3 ( )(○)

4

나	예 두 원이 합동이지만 서로 겹쳐지는 위치에 있습니다.
라	예 전개도의 옆면이 직사각형이 아니고, 두 원이 합동이 아닙니다.

27ab

1 원, 2 / 직사각형, 1
2 선분 ㄱㄹ 또는 선분 ㄴㄷ
3 높이
4
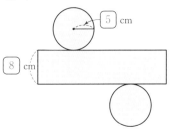

5

28ab

1 4	2 8	3 25.12
4 3	5 6	6 7
7 4		

〈풀이〉

3 (전개도의 옆면의 가로)
　=(원기둥의 밑면의 둘레)
　=(반지름)×2×(원주율)
　=4×2×3.14=25.12 (cm)

4 (반지름)×2×3=18
　(반지름)=18÷3÷2=3 (cm)

5 (반지름)×2×3=36
　(반지름)=36÷3÷2=6 (cm)

6 (반지름)×2×3=42
　(반지름)=42÷3÷2=7 (cm)

7 (반지름)×2×3=24
　(반지름)=24÷3÷2=4 (cm)

29ab

1~2 풀이 참조

〈풀이〉

1 예
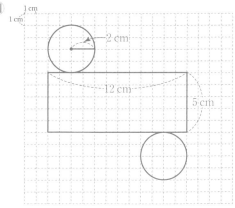

2 예
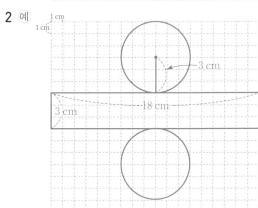

30ab

1 가, 라, 마 / 나, 다, 바
2 가, 라 / 마　　　3 원뿔
4 가, 라 / 나, 다, 마, 바
5

나	예 평평한 면이 2개이고 뿔 모양이 아닙니다.
다	예 평평한 면이 2개이고 다각형입니다.
마	예 평평한 면이 2개이고 뿔 모양이 아닙니다.
바	예 뿔 모양이지만 평평한 면이 원이 아닙니다.

31ab

1 (○)(   )(   )
2 (   )(   )(○)
3 (   )(○)(   )
4 나   5 나   6 다

32ab

1
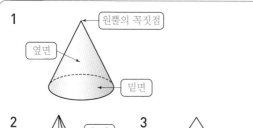
원뿔의 꼭짓점
옆면
밑면

2

높이
모선

3

4
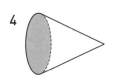

5 점 ㄱ   6 선분 ㄴㄹ 또는 선분 ㄷㄹ
7 선분 ㄱㄹ   8 선분 ㄱㄴ 또는 선분 ㄱㄷ

33ab

1 14, 25, 24   2 24, 20, 16
3 16, 17, 15   4 24, 15, 9
5 8, 5, 3   6 10, 13, 12
7 12, 10, 8   8 16, 17, 15

34ab

1 ○   2 ×   3 ○   4 ○
5 8   6 6   7 9   8 10

〈풀이〉
2 나는 모선의 길이를 재는 방법입니다.

35ab

1 라, 바 / 나 / 가, 다, 마
2 구
3 다, 라 / 가 / 나, 바
4 마 / 예 두 밑면이 합동이 아닙니다.
   / 예 밑면이 2개이고 뿔 모양이 아닙
   니다. / 예 공 모양이 아닙니다.

36ab

1 (   )(○)(   )
2 (○)(   )(   )
3 (   )(   )(○)
4 나   5 다   6 나

37ab

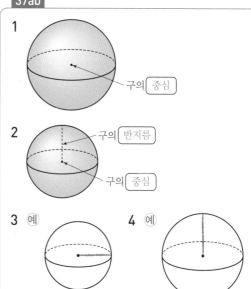

1   구의 중심
2   구의 반지름 / 구의 중심
3 예   4 예

5 5   6 8   7 8   8 6

38ab

1 ☐ 에 ○표   2 △ 에 ○표
3 ○ 에 ○표

4

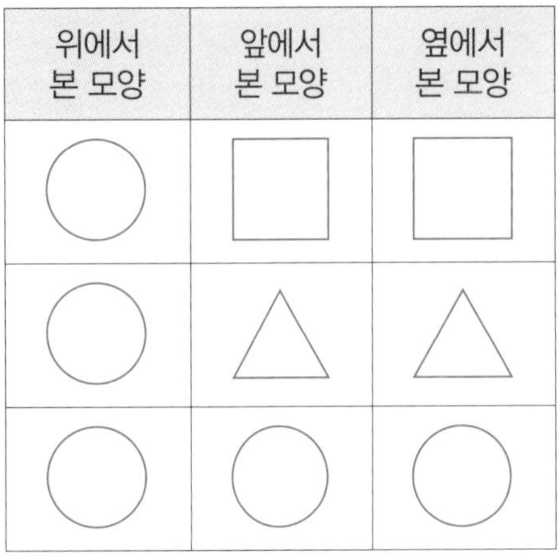

위에서 본 모양	앞에서 본 모양	옆에서 본 모양
○	□	□
○	△	△
○	○	○

39ab

1 예 2개의 밑면이 서로 평행하고 합동인 도형입니다. / 예 원기둥의 밑면은 원이고, 삼각기둥의 밑면은 삼각형입니다.
2 예 밑면이 원입니다. 옆면은 굽은 면입니다. / 예 원기둥의 밑면은 2개이고, 원뿔의 밑면은 1개입니다.
3 예 굽은 면이 있습니다. 위에서 본 모양이 원입니다. / 예 원기둥은 밑면이 있고, 구는 밑면이 없이 전체가 굽은 면입니다.
4 예 굽은 면이 있습니다. 위에서 본 모양이 원입니다. / 예 원뿔은 앞에서 본 모양, 옆에서 본 모양이 삼각형이지만, 구는 모두 원입니다.
5 강호

〈풀이〉
1~5 원기둥, 원뿔, 구를 각각 위, 앞, 옆에서 본 모양은 다음과 같습니다.

	위	앞	옆
원기둥	원	직사각형	직사각형
원뿔	원	삼각형	삼각형
구	원	원	원

40ab

1 ○	2 ×	3 ×
4 ○	5 ○	6 ○
7 ×	8 ○	9 ○

〈풀이〉
2 원뿔의 높이는 모선의 길이보다 항상 짧습니다.
3 원뿔은 앞에서 본 모양과 옆에서 본 모양이 삼각형으로 같습니다.
5 구의 중심에서 구의 겉면의 한 점을 이은 선분의 길이는 구의 반지름이므로 그 길이가 모두 같습니다.
7 원기둥의 옆면은 굽은 면입니다.

성취도 테스트

1 면 ㄱㄴㄷㄹ, 면 ㅁㅂㅅㅇ
2 (1) ×   (2) ○
3 사각기둥   4 선분 ㄷㄴ
5 예 밑면이 2개이고 뿔 모양이 아닙니다.
6 (1) 1   (2) 오각뿔
7 다   8 6, 7
9 예 밑면인 두 원이 합동이 아니고 전개도의 옆면이 직사각형이 아닙니다.
10 4   11 3
12 ㄹ

〈풀이〉
2 (1) 삼각기둥의 모서리의 수는 9개입니다.
10 (반지름)×2×3=24
   (반지름)=24÷3÷2=4 (cm)
11 원뿔의 높이를 재는 그림은 왼쪽이므로 원뿔의 높이는 3 cm입니다. 오른쪽 그림은 원뿔의 모선의 길이를 재는 그림입니다.
12 ㄹ 원기둥의 전개도에서 옆면의 가로는 밑면의 원주와 같습니다.